Título original:
Sadan begyndte verden

Copyright © 2013 Maren Weischer · Julie Andkjaer Olsen
Copyright da tradução © Geração Editorial

1ª edição — Setembro de 2013

Grafia atualizada segundo o Acordo Ortográfico da Língua Portuguesa
de 1990, que entrou em vigor no Brasil em 2009

Editor e Publisher
Luiz Fernando Emediato

Diretora Editorial
Fernanda Emediato

Produtora Editorial e Gráfica
Priscila Hernandez

Assistente Editorial
Carla Anaya Del Matto

Diagramação e Finalização
Alan Maia

Revisão
Josias A. Andrade
Marcia Benjamim

DADOS INTERNACIONAIS DE CATALOGAÇÃO NA PUBLICAÇÃO (CIP)
(Câmara Brasileira do Livro, SP, Brasil)

Weischer, Maren
    Big Bang : como o mundo foi criado / Maren Weischer [ilustrações]
Julie Andkjaer Olsen ; tradução Francis Henrik Aubert. -- São Paulo :
Geração Editorial, 2013

    Título original: Sadan begyndte verden.

    ISBN 978-85-8130-133-4

    1. Literatura infantojuvenil I. Andkjaer Olsen,
Julie. II. Título.

13-01422   CDD: 028.5

Índices para catálogo sistemático

1. Literatura infantil   028.5
2. Literatura infantojuvenil   028.5

GERAÇÃO EDITORIAL

Rua Gomes Freire, 225 – Lapa
CEP: 05075-010 – São Paulo – SP
Telefax.: (+ 55 11) 3256-4444
Email: geracaoeditorial@geracaoeditorial.com.br
www.geracaoeditorial.com.br
twitter: @geracaobooks

Impresso no Brasil
Printed in Brazil

Maren Weischer e Julie Andkjær Olsen

BIG BANG
COMO O MUNDO FOI CRIADO

Tradução:
Francis Henrik Aubert

GERAÇÃO
ZINHA

Você, com certeza, sabe que toda criança vem da barriga da mãe dela — você também veio. Mas você sabe dizer de onde vieram sua mãe e seu pai? E as mães e os pais deles, e todos os outros parentes? Junto com todas as outras pessoas, todos os animais e todas as plantas, você veio das estrelas. Agora você vai ficar sabendo como o mundo foi criado e como a vida começou e foi dar em pessoas, que vieram dar em sua família, que veio dar em você.

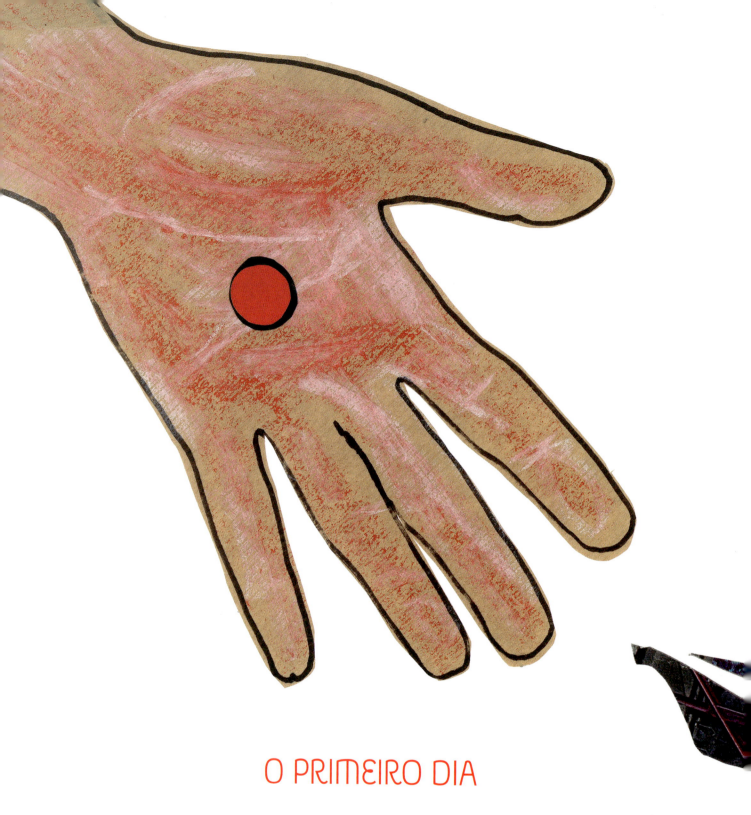

O PRIMEIRO DIA

No começo, era tudo muito luminoso e muito quente. Muito mais quente do que foi depois. Não havia Sol, nem Terra, nem gente — só uma balinha, cheia de espaço e sementes de estrelas. Você, certamente, já chupou uma balinha e já a segurou na mão. Você sabe que não é muito pesada. Na verdade, é tão leve quanto um feijãozinho. Mas, se você imaginar que você, o Sol, a Lua, a Terra e todas as estrelas que você vê de noite estavam dentro da balinha, você há de perceber que devia ser uma balinha muito pesada.

Na verdade, ela era tão pesada, que não conseguiu ficar do jeito que estava e

BANG

explodiu. E, de dentro da balinha saíram, voando o espaço sideral todo e mais um monte de sementinhas de estrelas. A explosão ficou conhecida como o "BIG BANG", que quer dizer "A GRANDE EXPLOSÃO". Foi nesse instante que começou o tempo.

O UNIVERSO PRIMITIVO

Com a explosão, o espaço se expandiu. Foi crescendo, crescendo, enquanto que a luz do BIG BANG foi ficando cada vez mais fraca, até sumir por completo. As sementes de estrelas saíram voando e, em alguns pontos, essas sementes voavam tão próximas umas das outras, que começaram a formar grandes nuvens, que foram se juntando cada vez mais, em uma dança desvairada, até se fundirem e virarem estrelas. Com o tempo, o espaço ficou cheio de estrelas como essas.

ESTRELAS EXPLODEM

E então se passou um longo tempo. É difícil dizer com certeza quanto tempo se passou, porque não existiam relógios. Mas o tempo foi passando, passando, e algumas das estrelas foram ficando muito velhas. Porque nada dura para sempre — nem mesmo as estrelas. E as estrelas grandes e antigas pararam de brilhar e começaram a inchar. Se você já tentou encher uma bexiga, soprando e soprando tudo o que aguenta, você sabe o que acaba acontecendo:

A bexiga

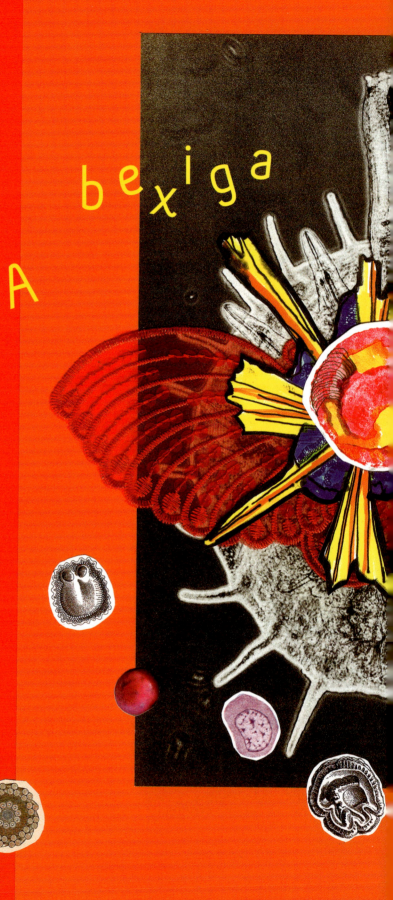

estoura!

Pois o mesmo acontece quando estrelas antigas incham. Elas também estouram. E sabe o que acontece depois? Todos os átomos, quer dizer, todos os pedacinhos, se unem para formar novas estrelas, como o nosso Sol; luas, como a nossa Lua; planetas, como a nossa Terra; e para formar gente, como a gente.

O SOL E OS OITO PLANETAS

Depois que as estrelas antigas haviam estourado, todos os átomos que saíram delas começaram a se juntar de novo e se transformaram em todas as coisas do mundo que você conhece. Alguns átomos de gás se fundiram e viraram o Sol. Outros átomos se fundiram e fizeram os planetas. Sabe quantos planetas tem o Sol? Tem oito planetas.

Os planetas que ficam mais próximos do Sol são pequenos e muito quentes; os planetas que ficam mais longe são grandes e mais frios que o gelo!

O planeta que fica mais perto do Sol se chama Mercúrio. Em seguida, vêm Vênus, Terra, Marte, Júpiter, Saturno e Urano. O planeta que fica mais longe do Sol é Netuno, e ele fica tão longe, que a luz do Sol quase que não chega até lá.

Eu só conheço um planeta em que as pessoas conseguem viver. É a nossa Terra. Que sorte a nossa, não é?

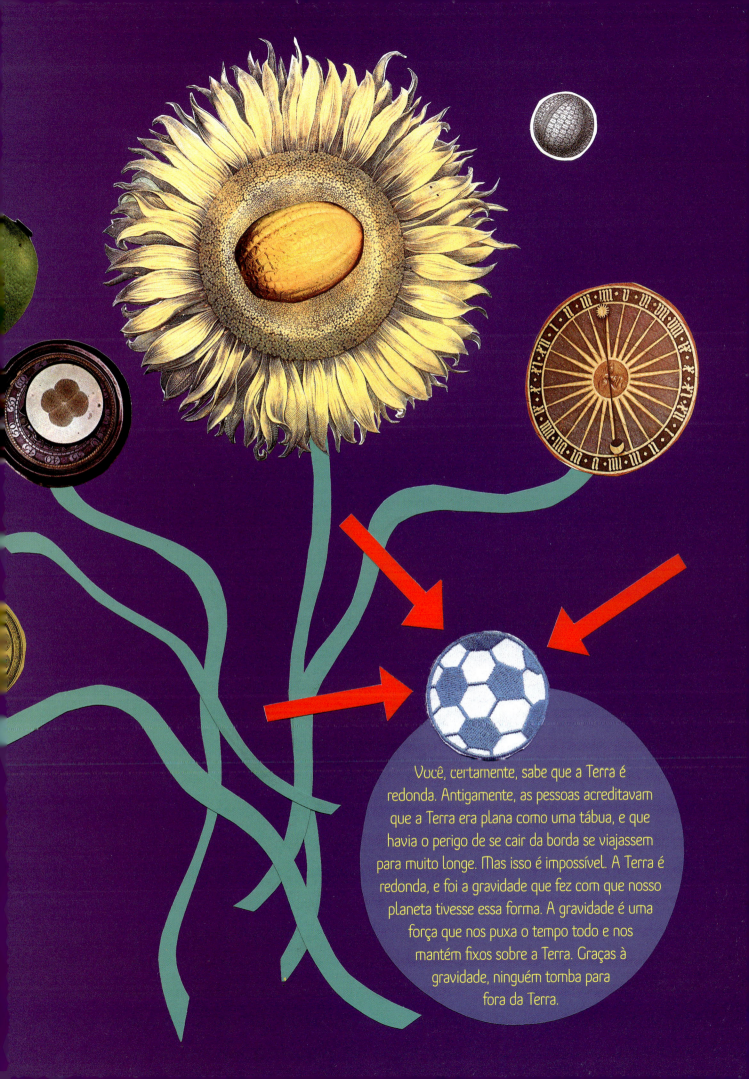

Você, certamente, sabe que a Terra é redonda. Antigamente, as pessoas acreditavam que a Terra era plana como uma tábua, e que havia o perigo de se cair da borda se viajassem para muito longe. Mas isso é impossível. A Terra é redonda, e foi a gravidade que fez com que nosso planeta tivesse essa forma. A gravidade é uma força que nos puxa o tempo todo e nos mantém fixos sobre a Terra. Graças à gravidade, ninguém tomba para fora da Terra.

O SEGREDO DA LUA

Sabe qual é a diferença entre uma lua e um planeta? A nossa Lua é uma lua, porque gira em torno de um planeta: a Terra. E a Terra é um planeta, porque gira em torno de uma estrela: o Sol. A origem da Lua é um mistério. Muitos já pensaram sobre isso, mas ninguém sabe ao certo.

Há três histórias diferentes que podem explicar a origem da Lua, e são estas que você vai conhecer agora:

Alguns dizem que, no começo, a Terra girava tão rapidamente em torno do seu eixo, que um pedaço da Terra foi arrancado e virou a Lua.

Outros acreditam que, no começo, a Lua não tinha nenhuma relação com a Terra. Acreditam que a Lua veio passando e que foi capturada pela gravidade da Terra e daí não conseguiu mais ir embora e por isso continua aqui. Outros, ainda, acreditam que, no começo, a Lua era um planeta, chamado Teia, que trombou com a Terra com muita força e se arrebentou. Alguns pedaços foram lançados ao espaço por causa da trombada e acabaram formando a Lua.

Parece uma história incrível. Mas os astronautas que viajaram até a Lua contam que, lá na Lua, existem as mesmas pedras que aqui na Terra. Por isso, em algum momento do passado, a Terra e a Lua devem ter estado juntas, de um jeito ou de outro.

Com isso, já havia o Sol, a Terra e a Lua. Mas a Terra era muito nova e ainda não tinha como abrigar vida.

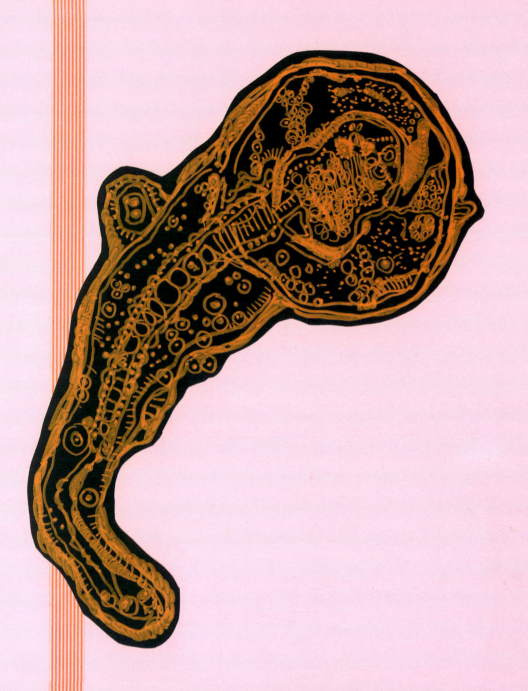

A TERRA VAI ESFRIANDO

Você consegue imaginar como a Terra era no começo? Acredita que era como hoje? É claro que não. Era bem diferente, e não era um lugar muito acolhedor. No começo, a Terra era uma pedra incandescente; era tão quente, que teria sido impossível dar um passeio na Terra sem pegar fogo. A água que iria formar os lagos e os mares ainda não existia. Mas estava a caminho, vinda de bem longe.

A água veio vindo lá do espaço, na forma de imensas bolas de neve. Pense que toda a água que você conhece — todas as poças em que você já pulou, toda a água que entrou nos seus olhos no chuveiro — veio voando na forma de cometas de gelo e caiu na Terra, que ainda estava muito quente. O gelo misturou-se com a lava vermelha e quente e com as pedras incandescentes, e começou a resfriá-las.

Assim, com o tempo, a camada externa da Terra foi se resfriando e se transformando em pedra. E os cometas de gelo continuaram a vir, e vieram tantos que, por fim, a Terra ficou coberta de um imenso oceano.

Imagine como seria divertido nadar em um mar de refrigerante, mas talvez não fosse muito bom para os dentes! Iá pinicar o corpo todo —

O oceano planetário era bem diferente deste que a gente conhece hoje. Era como um grande refrigerante ou uma água com gás. Na parte de cima do oceano, o Sol brilhava bem forte. E, de tempos em tempos, aconteciam grandes trovoadas, muito mais fortes do que você já viu. O fundo do oceano começou também a se mexer lá embaixo, e pedaços de terra e montanhas foram aparecendo acima da água. Muitas dessas montanhas tinham vulcões que expeliam fogo e lava. A Terra estava agitada e era um lugar perigoso. O lugar mais calmo ficava dentro da água. E foi lá que a vida começou.

A VIDA COMEÇA

Todas as pessoas, todos os animais e todas as plantas vêm de seus pais. Por isso, é meio estranho pensar que a primeira vida veio de algo que não tinha vida — da água e das pedras —, mas foi assim que aconteceu. Os cientistas que estudaram como a vida começou dizem que as primeiríssimas formas de vida começaram no fundo do oceano planetário. De lá a água se infiltrava do oceano, entre as pedras do fundo, para dentro do miolo da Terra. A Terra estava cheia de lava quente. Por isso, quanto mais a água escorria para dentro da Terra, mais quente ela foi ficando, e foi ganhando mais átomos — que são o começo da vida.

O calor também passa energia para a água, e a energia fez com que a água viesse a jorrar do fundo do oceano, como de uma fonte. Os átomos, que são os bloquinhos da vida na água quente vindos de dentro da Terra, se encontravam com o gás do oceano, para onde a água quente jorrava. E os bloquinhos e o gás começaram a formar bolinhas como se fossem de sabão. Bolinhas de sabão maravilhosas, bem fininhas.

As bolinhas se juntavam na água das fontes. E sempre vinham mais bolinhas, que iam formando uma torre de bolinhas que crescia e crescia. E assim foi, durante muito tempo. Mas, de repente, uma das bolinhas separou-se e saiu flutuando pelo imenso oceano desconhecido.

Ela havia aprendido a beber o refrigerante e a comer bloquinhos — e, o mais importante de tudo, havia aprendido a criar novas bolinhas. Essa bolinha foi a primeira vida na Terra. Foi a primeiríssima célula, que é como chamamos os menores seres vivos. A primeiríssima célula soprou e produziu novas bolinhas, que também eram células, que sopraram e produziram ainda mais células. E foi assim que a primeira célula teve muitos e muitos filhos, que se espalharam e tiveram novos filhos, que, por sua vez, tiveram muitos e muitos outros filhos.

Uma célula é tão pequena...

que é impossível vê-la, mesmo com uma lupa. Mas pense no seguinte: no dia em que a sua vida começou na barriga da sua mãe, você também era apenas uma célula bem pequenininha, totalmente invisível. E veja o seu tamanhão hoje!

NOVAS VIDAS

As primeiras células no oceano eram bactérias, mas, com o tempo, algumas das células começaram a ficar mais parecidas com pequenas plantas; e outras, com pequenos animais. Juntas, ficavam boiando e balançando no oceano infinito. Algumas das primeiras formas de vida de que encontramos traços são as bactérias conhecidas como algas azuis. Você já ouviu falar delas?

Você já foi à praia no verão para nadar e viu que a água estava toda verde por causa de algas? Você deve ter ficado chateado, porque não se pode nadar onde tem muita alga. Você ficaria doente e iria vomitar se engolisse algas. Vai ver que é por isso que a maioria das pessoas não gosta de algas. Mas, se você parar para refletir, vai logo verificar que as algas também fazem coisas boas. Na verdade, são fantásticas, porque elas criam o ar que respiramos.

MILHÕES DE ARROTOS

Quase todo o ar que nos cerca é atualmente
produzido pelas folhas das árvores. Mas, na época
em que a vida estava começando, não existiam folhas.
Por isso, foram as algas que fizeram o primeiro ar
da Terra. E como foi isso? Pois bem, as algas azuis que
boiavam no oceano planetário só sabiam fazer uma coisa:
comer, comer e comer! E comiam o tempo todo, sem parar!

Você conhece bem aquela sensação de coceira que dá no estômago, depois de tomar bem rápido um copo cheio de refrigerante. As algas azuis, que haviam comido sem parar, ficaram com a mesma sensação. E, tal como você, as algas passaram a arrotar bolhas de ar lá do fundo do estômago. Milhões de algas azuis ficaram arrotando milhões de bolhas de ar fresco. E as bolhas de ar subiram lentamente para o céu tal como fazem as sementinhas do dente-de-leão quando a gente assopra. E o ar tornou o céu bonito e azulado de dia e cheio de luar e brilho de estrelas de noite.

E CHEGAM OS ANIMAIS

As algas não estavam sozinhas. Muitas células diferentes haviam aparecido. Algumas dessas células eram boas de comer; outras, de ver; e outras, ainda, de nadar. Nenhuma célula é boa em tudo, e é muito melhor colaborar do que ficar sozinho. Por isso, muitas dessas células passaram a se juntar e formaram pequenos animais. Alguns dos primeiros animais eram as águas-vivas e as estrelas-do-mar, que você ainda hoje pode encontrar na praia, se tiver um pouco de sorte.

Mais tarde, começaram a aparecer peixes de verdade no oceano. Esses peixes tiveram filhos, esses filhos de peixe também tiveram filhos, e assim foi indo até que começou a haver tanto peixe, que talvez faltasse espaço. Talvez até faltasse comida.

Será que alguns peixes teriam mais curiosidade do que outros, para saber o que havia do lado de fora do oceano? Ou, ainda, talvez quisessem apenas encontrar um bom esconderijo para pôr os seus ovos, onde ninguém pudesse encontrá-los? Seja como for, alguns dos peixes começaram a sair da água, indo até a praia para botar os seus ovos. Os ovos eram chocados, e deles saíam peixinhos bem novinhos, que aprendiam a subir mais, para a praia, onde deixavam seus ovos, que novamente chocavam outros peixinhos, que subiam ainda mais pela praia.

E chegou uma hora em que alguns dos peixes haviam subido tanto pela praia e se acostumaram tão bem à vida fora da água, que esqueceram como nadar. Em vez disso, ganharam braços e pernas, para poderem mais facilmente andar pela terra.

Alguns animais se tornaram comedores de plantas, e outros se tornaram caçadores, que comiam outros bichos. Vieram muitos animais diferentes, e alguns deles você conhece bem.

Mas também vieram animais que você nunca viu, porque se extinguiram há muito tempo. Talvez você já tenha visto esqueletos deles ou representações no cinema e em desenhos animados.

Entre os animais que não existem mais estão os dinossauros, os tigres-dentes-de-sabre, que eram tigres com dentes muito grandes; e os mamutes, que eram elefantes peludos. De um modo ou de outro, esses animais desapareceram, enquanto outros continuaram a existir.

O BICHO HOMEM

Alguns dos animais — como os jacarés, os sapos e as cobras, que ainda estão por aí — conseguiram sobreviver àquilo que matou os dinossauros. Um outro animal que também sobreviveu foi o antepassado dos macacos e dos humanos. Nossos antepassados se deslocavam sobre quatro patas e tinham o corpo coberto de pelos. Não se pareciam com homens. Mas tudo evolui, o tempo todo, de uma coisa para outra. E nossos antepassados tiveram filhos, estes tiveram seus próprios filhos, que foram evoluindo para animais tão diversos como os gorilas, os chimpanzés e os humanos. Levou muito tempo, mas tempo era o que não faltava.

Os primeiros humanos preferiram morar na savana, as grandes campinas da África, onde podiam correr rapidamente e capturar animais. Os animais que capturavam serviam para o jantar. Os primeiros humanos pareciam-se com outros animais, pois tinham pelo no corpo todo. Com o tempo, o pelo em sua cabeça começou a ficar maior e mais comprido, enquanto que o pelo do restante do corpo foi ficando mais ralo. Você pode ver o que sobrou desse pelo todo quando fica arrepiado: os pelos do seu braço se levantam.

OS HUMANOS MOVIDOS PELA CURIOSIDADE

Com o tempo, a família dos homens foi se tornando cada vez maior. E logo perceberam que seria muito útil se pudessem conversar um com o outro e começaram a usar palavras sobre as coisas. Seus filhos resolveram fazer machados e lanças, para poderem mais facilmente conseguir caça; e os filhos destes começaram a cavar abrigos no chão e a fazer fogueiras, para não passarem frio de noite. Na fogueira também podiam assar a carne que caçavam. Foi uma boa ideia: a carne assada era muito mais saborosa do que a carne crua. Descobriram, ainda, que a pele dos animais que caçavam poderia ser usada como vestimenta. Os humanos eram movidos pela curiosidade e começaram a fazer longos passeios e a construir novas vilas em lugares diferentes e cada vez mais distantes.

Finalmente, havia humanos para todo lado. Quando os humanos haviam se espalhado pela Terra toda, moravam tão longe uns dos outros, que a língua deles começou a se diferenciar, e, por fim, cada povo acabou tendo sua própria língua. É por isso que você nem sempre entende o que as pessoas dizem, quando viaja para outros lugares. Se, de um lado, isso atrapalha, de outro é bom falar uma língua que as outras pessoas não entendem, quando você vai contar um segredo.

Talvez as primeiras pessoas tenham inventado a fala para que a vida fosse menos chata; deve ser muito chato imaginar uma bela história e não conseguir contá-la para alguém. Imagine como teria sido inventar a primeiríssima palavra!

QUANDO VOCÊ NASCEU

Desde que os primeiros humanos nasceram na África, muitos milhões de humanos já viveram. Moraram nos mais diversos lugares e vivenciaram tudo quanto é coisa. Há cem anos, seus tataravós nasceram e, se ainda estiverem vivos, podem contar como era antes de existirem carros e rádios. Eles cresceram e se tornaram os pais dos seus bisavós. Seus bisavós se recordam de guerras e de como era viver antes de termos geladeiras. Eles se tornaram os pais dos seus avós, que se recordam de como era a vida antes de existir a televisão. Eles foram os pais dos seus pais, que se recordam de como era a vida antes de haver computadores e celulares.

E seus pais cresceram e tiveram você. Deste modo, se a gente voltar bastante no tempo, você vai ver que é parente dos primeiros humanos na África, ou seja, você é parente de todos os humanos que estão no mundo hoje e dos que já estiveram no mundo antes de nós. Da mesma forma, você é parente de todos os animais e de todas as plantas, porque, lá longe no passado, viemos todos daquela primeira célula, que foi a primeiríssima forma de vida. E, assim como a primeira célula, viemos das estrelas.

QUANDO O MUNDO ACABA E ALGO NOVO COMEÇA

Um dia, no futuro, quando você já tiver envelhecido, e seus filhos e netos e bisnetos também tiverem envelhecido, e ninguém mais se recordar de nós, e incontáveis crianças já tiverem passado pela vida, o Sol vai ficar cansado. Quando o Sol tiver queimado todo o seu gás, que nem uma pilha descarregada, vai ficar vermelho e inchar. Ficará tão grande, que engolirá a Terra. E daí o tempo da Terra terá terminado, e a Terra vai se arrebentar. Terra, água, montanhas, tudo voltará a ser uma poeira invisível de dezenas de milhões de pequenos átomos, que o vento solar sopra noite adentro. E a poeira vai se espalhar, se juntar e formar novas estrelas e novas terras. E quem sabe o cobertor com que você se agasalha de noite, um dia, volte a ser um cobertor, quando tudo tiver recomeçado, para agasalhar uma nova criança.